U0211259

你知道树木也会说话吗？

其实，它们是会说话的。

树木能彼此交流，

若是用心去听，你也能听见它们的声音。

——印第安祖尼人首领

**图书在版编目（CIP）数据**

看见看不见的树：39 个树与人的真实故事 /（法）塞西尔·贝诺瓦著；（法）夏洛特·加斯托绘；钱偎依译. -- 福州：海峡书局，2021.10（2022.10 重印）

书名原文：Un arbre, une histoire

ISBN 978-7-5567-0859-8

Ⅰ. ①看… Ⅱ. ①塞… ②夏… ③钱… Ⅲ. ①树木—儿童读物 Ⅳ. ① S718.4-49

中国版本图书馆 CIP 数据核字 (2021) 第 187276 号

**Un arbre, une histoire**

text by Cécile Benoist

illustrations by Charlotte Gastaut

Original title: Un arbre, une histoire



著作权合同登记号：图字 13-2021-83 号

出 版 人：林 彬

责任编辑：廖飞琴 张 莹

特约编辑：周婧文

美术编辑：陈 玲

装帧设计：陈 玲

**看见看不见的树**

KANJIAN KANBUJIAN DE SHU

作　　者：[法] 塞西尔·贝诺瓦

绘　　者：[法] 夏洛特·加斯托

译　　者：钱偎依

出版发行：海峡书局

地　　址：福州市白马中路15号海峡出版发行集团2楼

邮　　编：350004

印　　刷：北京雅图新世纪印刷科技有限公司

开　　本：787mm×1092mm 1/8

印　　张：6

字　　数：48 千字

版　　次：2021 年 10 月第 1 版

印　　次：2022 年 10 月第 2 次

书　　号：ISBN 978-7-5567-0859-8

定　　价：88.00 元

未读CLUB
会员服务平台

本书若有质量问题，请与本公司图书销售中心联系调换
电话：(010) 5243 5752

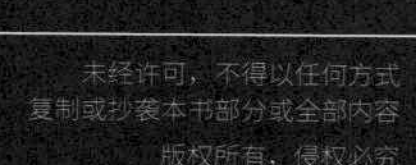

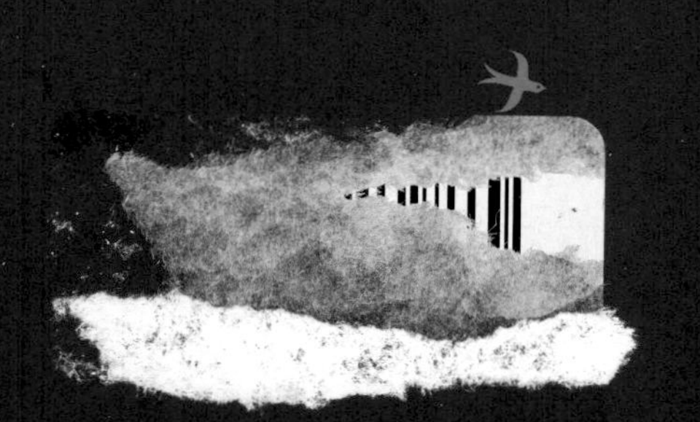

# 看见看不见的树

[法] 塞西尔·贝诺瓦 著 [法] 夏洛特·加斯托 绘
钱偎依 译

# 111棵树庆祝1个生命

## 改变习俗的树木

在女儿基兰去世后，村长夏姆·苏达·帕里瓦尔一直沉浸在悲痛之中。为了排遣内心的悲伤，他种了许多树来纪念不幸早逝的女儿。村长的这个举动渐渐影响了整个印度拉贾斯坦邦皮普兰特里村的人。

在印度，女孩常常被视作家庭沉重的负担。因为当女孩出嫁时，她的父母要拿出一大笔钱作为嫁妆，送给女婿家。即使法律禁止，但这个习俗仍旧存在。如果女方无法兑现最初承诺的嫁妆，有时甚至会导致悲剧的发生。

皮普兰特里村的村民决定废除这个习俗，他们约定，村里每出生一个女婴，就种下111棵树来庆祝她的出生。此外，村民需要凑齐大约500美元，其中三分之一由女孩的家人承担。这笔钱将保留到女孩20岁，女孩的父母也需要签订一份保证书，保证不会在女孩18岁之前将她嫁人，同时还要负责照料栽下的树苗。

就这样，良好的风气逐渐形成了，但糟糕的是，那些种下的苦楝树、黄檀、杧果树还有余甘子很快受到了白蚁的侵蚀。但村民们并没有气馁，他们找到了一个解决办法：在树的周围种上一种能驱赶白蚁的植物——芦荟。因此，6年间，村民们种下了25万多株芦荟。这些"救星"长成后不仅能用来榨汁，还能做成护肤品，也给村民增加了一项收入！

更棒的是，在照料这些树苗的过程中，皮普兰特里村的犯罪率几乎下降到零。一位父亲这样说道："照顾这些树木就像哄自己的女儿睡觉一样，让我感到幸福。"这足以令人相信，悉心照料树木和养育孩子一样，都会让人感到温暖、宁静。这个村庄也因此成为一片和平又青葱翠绿的绿洲。

# 倒霉的臀形椰子

## 失去种子的椰子树

“看！那是个椰子！！”在文艺复兴时期，欧洲的探险家看到了印度洋上漂浮着的巨型果实，他们惊叹不已，以为自己产生了幻觉。这些海椰子重达20 ~25千克，长得像……屁股一样，它们是从哪儿漂来的呢？直到17世纪，人们才找到了这种海椰子的原产地：塞舌尔群岛。

更准确地说，是塞舌尔群岛的普拉兰岛和库瑞岛。海椰子的学名是*Lodoicea maldivica*[①]（马尔代夫海椰子）。这是一种当地的特有物种，你在其他地方可找不到它。在发现这种椰子后，当地首领、贵族和一些商人便将其销往亚洲。海椰子树的种子和花朵造型古怪，种子的形状犹如女性臀部，而雄花的形状宛若男性生殖器。

1976年，塞舌尔共和国宣告成立，旅游业开始成为该国主要的经济来源。游客喜爱富有异域风情的玩意儿，这种体积庞大、独特的屁股形海椰子自然成了游客眼中最具吸引力的特产。游客都觉得：“怎么能不带走这么特别的纪念品呢？”即使这意味着要付出大笔的金钱。

很快，（成熟后）掉在地上的海椰子的数量已经无法满足人们的需求，人们就直接去树上摘。有人把海椰子做成装饰品、奢侈品等。英国王室的凯特王妃和威廉王子在塞舌尔度蜜月时，就曾收到用海椰子做的艺术品。在亚洲，海椰子的市价高达每千克450美元。在巴黎拍卖会上，也曾创下单个海椰子11000美元的成交纪录。然而，这也导致偷盗海椰子的行为愈演愈烈，森林火灾更是给海椰子的生存状况雪上加霜。

当地政府采取了严格的措施，包括在机场设置X射线安检仪来扫描游客的行李，以禁止走私海椰子，但非法交易仍然屡禁不止。如今，海椰子已被世界自然保护联盟（UICN）正式列为濒危物种。

注①：虽然海椰子的产地是塞舌尔群岛，但它最早在马尔代夫海域被人发现，植物学上就以“马尔代夫海椰子”来命名。

# 移花接木

## 无与伦比的“魔力树”

美国艺术家山姆·范·阿肯有一个计划，为此，他需要很多核果，而且是很多不同品种的核果。他造访了周围的一些果园，但是这些果园就像复制的一样，种的要么是李子树，要么是杏树，或是一望无际的油桃树。真叫人大失所望！

一天，山姆发现了一片种植着上百种核果的果园，其中大部分是新品种或是稀有的旧品种。山姆·范·阿肯心想：“这儿可真是一处宝藏啊！”当得知这片果园即将被废弃时，他立刻决定将它买下来。

他的计划渐渐成熟。到底是什么计划呢？这是一个艺术家独一无二的创意，同时也是一个园丁略显疯狂的想法：种出一棵无与伦比的“魔力树”！

山姆在美国宾夕法尼亚州的一个农场长大，懂一些园艺知识。于是，山姆很快就行动起来了。首先，他制作了一张时间表，详细地记录了250多种果树的花期。为了让自己的果树变得五彩缤纷，山姆在选择嫁接品种时格外仔细。接着，他开始进行第一批嫁接。两年之后，当嫁接后的果树已长出四五根主枝时，山姆又在这些主枝上嫁接了新的品种。在5年内经过数次嫁接后，山姆的作品完成了。

在大部分时间里，山姆的“魔力树”看上去和普通的树一样平淡无奇，只是绿色的。但是，只要一到春天，玫瑰色、白色、红色、紫红色的花朵都出现在同一棵树上，果树仿佛披上了五彩斑斓的衣服。而到了夏末秋初，树枝上挂满了各种果实：梨子、李子、杏、油桃和樱桃。太神奇了！各种各样的果子都长在一棵树上。

山姆·范·阿肯仍在推进植物的嫁接实验，他还四处参观各地种植的嫁接树，以及被保存在美国的博物馆里的嫁接树标本。山姆走遍美国去介绍他的项目，他提醒消费者注意：“因为工业化追求效益，我们保留下的只是一小部分品种，而失去了许多古老而美味的品种。”他选择用这样一棵长着40种果子的树来赞美大自然的物种多样性。

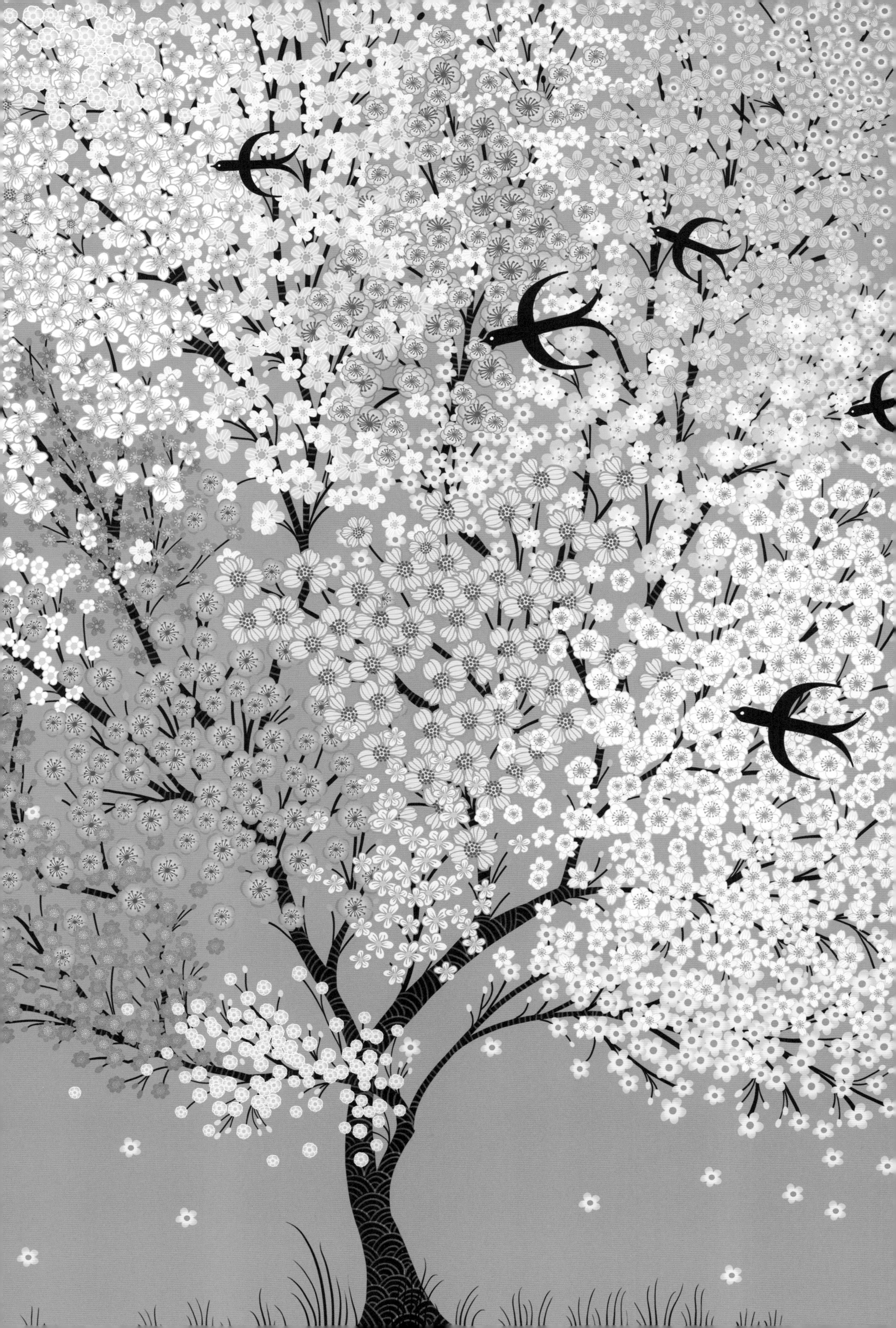

## 稀奇古怪的树

### 懂艺术的树

随着季节交替，彩虹桉树的树皮会不断脱落，刚脱落的地方会露出亮绿色的内皮。在彩虹桉树生长的过程中，树皮的颜色会由蓝色变成紫色，然后变成橘黄色和栗色。这种桉树的学名为*Eucalyptus deglupta*，中文名叫“剥桉”。剥桉的一生都在变换着色彩，它们真是处在永恒变化之中的艺术品啊！

### 会移动的树

树真的有脚吗？著名的“行走棕榈树”实际上并不会行走。虽然它们的树根会移动，但移动的距离并不远，有时每年只能移动一米。在热带雨林中，为了避免被更高大的树遮挡住阳光，像“行走棕榈树”这样的树木会从阴暗处移动到有光照的地方。

这种树木移动的方法就是：新的树根会往更适宜生存的地方生长，与此同时，处于不适宜生存环境中的老根会腐朽。这样的“行走”方式就像跳滑步舞一样。

### 会流血的树

索科特拉岛龙血树的树冠形似雨伞，这种树会流出像血浆一样鲜红的树脂，而且这种树脂一年只能割取一次，就像“龙的血”一样十分稀有，所以这种树被人们称为“龙血树”。自古以来，人们就用龙血树的树脂制作染料，有些地区还会用它来制作传统药物。

### 像酒瓶的树

美丽异木棉原产于拉丁美洲，它的树干长得像酒瓶，所以它在当地有个外号叫“喝醉的树”。作为一种异域植物，它的外形十分奇异：树干长满了圆锥状的尖刺，果实像硕大的鸡蛋。

### 不怕干旱的树

牧豆树原产于美洲，在1583年，人们还不知道为什么这种树也能生长在阿拉伯半岛的沙漠中。巴林人还把牧豆树称为“生命之树”。它是如何在如此恶劣的环境中生存400多年的呢？

或许是因为它高度发达的根系，它的根可以一直向下生长到人类无法精准定位的含水层。又或许是因为一种对树木生长有利的蘑菇……真神奇啊！

## 推动“绿带运动”的女人

### 让绿树覆盖整个国家

20世纪60年代，肯尼亚终于摆脱了被殖民的命运，但环境问题和社会问题依旧存在。为了获取商业利益，政客大量侵占土地和森林。植被面积的锐减又让土地变得贫瘠，饮水越发困难，连取暖用的木材也变少了，当地百姓的生活苦不堪言。

旺加里·玛塔伊是一位出生在肯尼亚农村的年轻女孩。她时常伤感地怀念童年时青葱茂密的山谷。对她而言，当下最紧迫的事就是种树！

在她的再造林公司倒闭之后，她决定加入肯尼亚全国妇女理事会（NCWK），鼓励农民植树造林并实现自给自足。

为了完成这些目标，她想举办一次重大的标志性活动，向民众宣传植树的重要性，争取他们的支持。1977年6月5日，恰逢世界环境日，一支由上百名妇女组成的游行队伍出现在肯尼亚首都，她们的目的地是一个大公园。许多政界精英和肯尼亚全国妇女理事会的成员出席了这次活动，他们一起在公园种下了7棵树，以此纪念肯尼亚历史上7位做出杰出贡献的政治家。就这样，“绿带运动”的第一根“绿带”系好了。

旺加里·玛塔伊走遍了全国去说服民众，尤其是妇女，向她们宣传植树的益处：“当你们种下一棵树，种下的不仅是一颗女性自主独立的种子，还是一颗敬畏自然的种子……”

尽管旺加里·玛塔伊遇到过经济上的困难，面临过威胁，也曾身陷囹圄，但她仍不改初衷，在全世界寻求支持。最终，她的努力没有白费，参与绿带运动的人们在肯尼亚种下了5000多万棵树。2004年，旺加里·玛塔伊获得了诺贝尔和平奖。2011年，她与世长辞。

# 树顶世界

## 一个怪诞飞行器的漫长诞生史

1974年，植物学家弗朗西斯·阿莱带着一群学生去圭亚那的森林考察，当一棵棵30~50米高的大树出现在他们眼前时：

——在那高高的地方，一定发生了什么事……

——要是我们能爬到树顶看看就好了……

——那需要一艘飞艇！

学生们都笑了起来，弗朗西斯却陷入了沉思。

夜幕降临，年轻的弗朗西斯在纸上画着设计草图。一个由玩笑引发的疯狂计划正在酝酿中。当弗朗西斯回到法国后，他联系了飞艇制造商，但高昂的制造成本让他望而却步。于是他另辟蹊径：换成热气球怎么样？我可以乘坐热气球飞到树冠的位置，这样就可以在热气球的吊篮里收集、提取树冠层的植物样本。但是，要在热带雨林完成这项任务，至少需要一名懂得操控热气球的飞行员陪同才行，而弗朗西斯并不认识这样的人。

于是，弗朗西斯去参加了由飞艇驾驶员、热气球飞行员发起的一次游行示威活动，在那儿他认识了达内·克勒耶–马莱尔。马莱尔是高难度飞行方面的专家，也是一名极限运动爱好者。

两年之后，马莱尔在一次极地浮冰上的飞行中陷入了险境。当时，他的热气球上存储的气体急速减少。幸好有一艘橡皮艇在他飞过海湾后就一直跟着，最后，马莱尔把热气球降落在这艘橡皮艇上，他拿到新的燃气瓶后又重新出发了。在这次事件之后，马莱尔开始思考：为什么不造个类似的装置让热气球停在树冠上呢？只要把热气球的吊篮换成充气橡皮艇，也许就能轻便、稳当地“降落”在树冠上了。

同时，建筑师吉尔·埃伯索尔也在筹划一个娱乐项目：他计划用一根结实粗大的绳子捆住一个充气装置，然后让直升机吊着充气装置在森林上空飞行。

经过几次危险的实地实验后，植物学家弗朗西斯、飞行员马莱尔和建筑师埃伯索尔，一起造出了树顶气筏——一个可以降落在树冠上的科学实验室。对树冠层的科学探索翻开了新的一页！

## 照不了“全身照”的巨杉

不可避免的眩晕……

美国加利福尼亚州的巨杉国家公园是巨杉的天堂，那里生长着一棵高大的巨杉——“总统树”。这棵树巨大无比，人们甚至难以一眼将其全貌收入眼底。所以很长时间以来，要为它拍一张“全身照”几乎成了不可能完成的任务。

但是，有一些热爱冒险、具有挑战精神的艺术家决定尝试一番。

一个科考团在这个公园展开过一次科学考察。当然，总统树是考察的重点。科学家们借助精密的仪器，一厘米一厘米地测量，最终得出的数据是：这棵巨大到让人看一眼都会眩晕的树有75米高，体积是1278立方米，树上长了约82000个球果、20亿片叶子。

“绝不能放过这次机会！”麦克·尼克斯心想。他是一位荣获多项摄影大奖的摄影师，曾为权威杂志《美国国家地理》拍摄过巨树，所以他知道该怎么操作。

在科考团完成测量后，麦克和他的摄影团队来到了公园。他们在总统树和它旁边的几棵大树上装上绳索。对于如何拍出最理想的照片，麦克有很清晰的构图方案。所有人都等待着天空变蓝、冰雪融化、浓雾消散……就在雪花落下时，麦克按下了快门。

麦克·尼克斯和他的团队足足花了两周的时间，才完成拍摄，《美国国家地理》最后选择了他们所有作品中的126张照片，用可以展开的5张折页的篇幅来呈现总统树的全貌。

在离开之前，摄影师麦克戴上头盔、穿上工装、系上绳索，最后一次攀上总统树高高的枝头，这一次他没有带任何摄影器材，只是为了和总统树说一声“再见”。

# 树中的巨人

最庞大的树

它是巨人中的巨人，是巨石像，是歌利亚[①]，是大力士，是泰坦巨人。它就是谢尔曼将军树[②]。谢尔曼将军树不是最高的，也不是周长最长的树，但它的树干体积达1487立方米，是世界上体积最大的树。虽然这棵巨杉已有两千多岁了，但它依然在继续生长。

最高的树

亥伯龙神树生长在美国加利福尼亚州的红杉国家公园，它是一棵红杉。亥伯龙神树从地面到树顶的距离超过115米，它是世界上最高的树，至少是迄今为止能丈量的树中最高的一棵。

最宽的树

“罗宾汉”大橡树由许多木棍支撑着，树枝像触角一样向周围伸展着，最宽处有28米。这棵树就生长在舍伍德森林的中心地带，传说罗宾汉曾藏身在这棵大橡树中空的树干中躲避追捕。由于它奇特的造型和八百多岁的树龄，“罗宾汉”大橡树被英国人视作珍宝。

最粗的树

在墨西哥的一个村庄里有一棵蒙特祖玛柏树，这里的村民世世代代都与这棵树生活在一起。这棵树的高度只有41米，但它的树干却有42米粗，它也是这里唯一的旅游景点。孩子们喜欢围着这棵最粗壮的树，在它的树皮上寻找各种各样的小动物。

最闪耀的树

在中国陕西西安的终南山古观音禅寺，有一棵“千扇树”特别引人注目。每年秋天，树上的树叶纷纷掉落，在地上铺成一条耀眼的金色地毯，吸引了成千上万的人共赴这场秋之盛会。其实，这棵千扇树是一棵银杏树，有1400多岁。早在恐龙统治地球之前，银杏就已经出现了。银杏可以长到50多米高，在经历了恐龙灭绝时期的行星大碰撞后依然存活了下来。

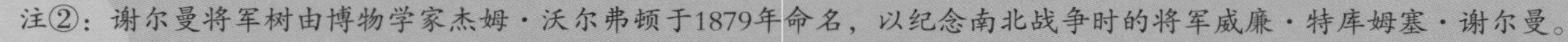

注①：歌利亚是《圣经》中的巨人，大卫和巨人歌利亚之战是《圣经》中一个重要的故事，也是西方版以弱胜强的励志经典。
注②：谢尔曼将军树由博物学家杰姆·沃尔弗顿于1879年命名，以纪念南北战争时的将军威廉·特库姆塞·谢尔曼。

## 那一天，土邦王公派来了伐木工

### 抹不掉的，是对树的爱

1730年，印度太阴历六月十日，阿姆里塔·德维在忙农活时听到了瞪羚和羚羊从树林里跑过的声音。动物通常都很安静，因为这一带很安全。附近的村民都是毕斯诺伊族，他们从不砍伐树木，也不猎杀动物，反而会给动物喂食。所以，这里青葱翠绿、土地肥沃，与拉贾斯坦邦周边的沙漠形成了鲜明的对比。

这天，拉贾斯坦邦的王公突然派来了一位官员，为建造宫殿砍伐木材。阿姆里塔上前阻止他："请你离开，我们从不砍伐树木，也从不对树举起斧头。"阿姆里塔的话激怒了这位官员，但是阿姆里塔还是不肯放弃。当官员抡起斧头砍向树时，阿姆里塔一下抱住树干说道："只要能多保护一棵树，哪怕要牺牲自己的生命，也是值得的！"话音刚落，斧头就砍到了她的脖子上。一群士兵眼睁睁地看着阿姆里塔被杀害了。

动物的惊慌失措，引起了阿姆里塔女儿们的注意，她们纷纷跑过来。当看到母亲倒在一棵树旁时，她们什么都明白了，也上前抱住大树，但最终都惨死斧下。有些村民在远处看到了这残忍的一幕，跑去通知其他人。不一会儿，村里所有的毕斯诺伊族人都聚集到了灰牧豆森林里。

一位老人上前抱住了一棵树，他牺牲了。接着是他的兄弟和其他老人。后来，所有的男男女女包括孩子们，都纷纷上前抱住大树。一棵树，一条生命；又一棵树，又一条生命。夜幕降临，整个森林陷入一片死寂，眼泪在无声地流淌。

这场屠杀持续了好几天，鲜血浸染了女人的红裙，两种颜色融为一体；鲜血溅在男人的白色长袍上，红得触目惊心。那一天，363个毕斯诺伊族人牺牲了自己的生命。王公听闻这件事后，内心感到羞愧无比，同时敬佩村民的勇气，立即下令停止这场杀戮，并颁布法令决定从此不再在毕斯诺伊族的土地上砍树。

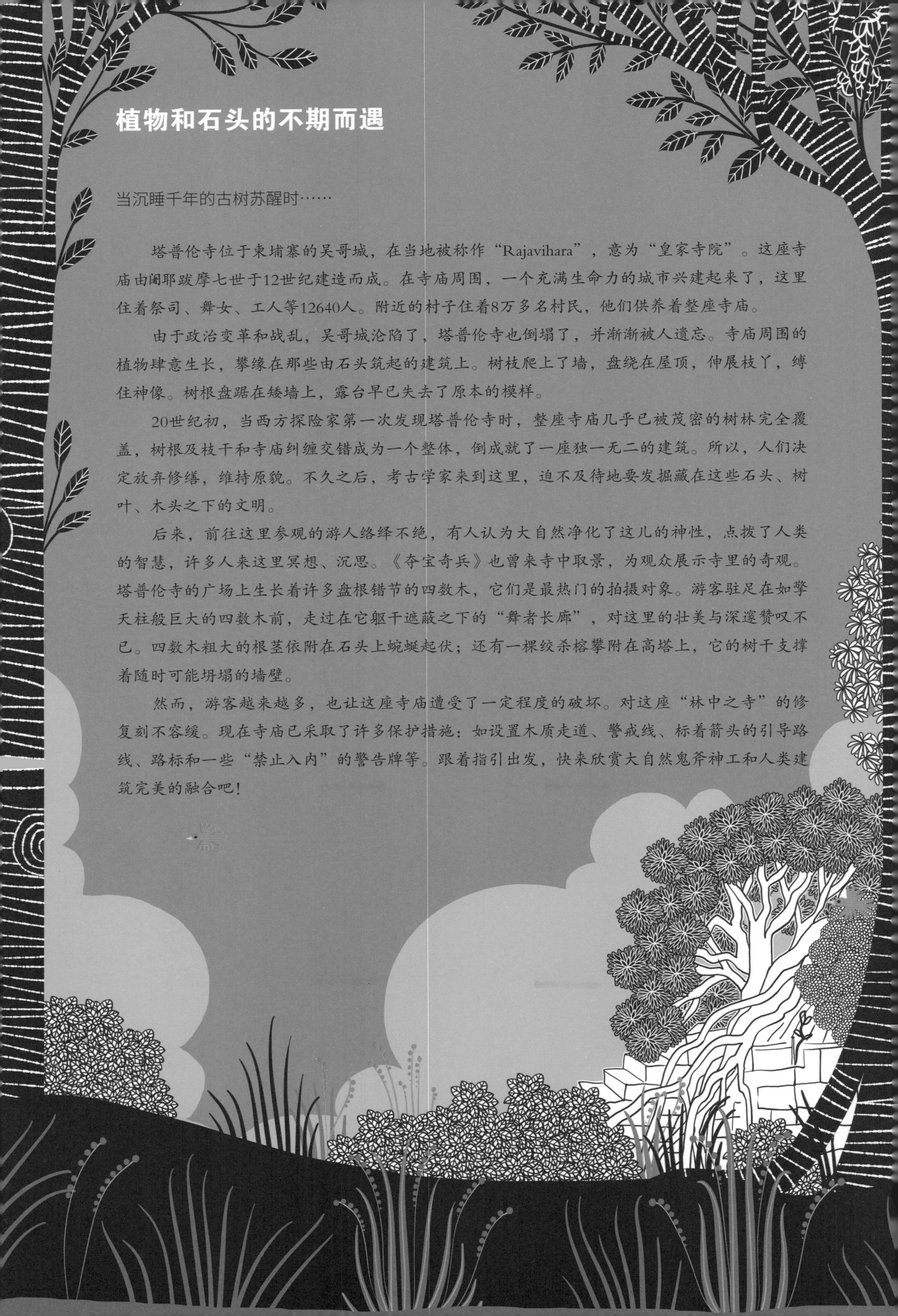

## 植物和石头的不期而遇

当沉睡千年的古树苏醒时……

塔普伦寺位于柬埔寨的吴哥城，在当地被称作“Rajavihara”，意为“皇家寺院”。这座寺庙由阇耶跋摩七世于12世纪建造而成。在寺庙周围，一个充满生命力的城市兴建起来了，这里住着祭司、舞女、工人等12640人。附近的村子住着8万多名村民，他们供养着整座寺庙。

由于政治变革和战乱，吴哥城沦陷了，塔普伦寺也倒塌了，并渐渐被人遗忘。寺庙周围的植物肆意生长，攀缘在那些由石头筑起的建筑上。树枝爬上了墙，盘绕在屋顶，伸展枝丫，缚住神像。树根盘踞在矮墙上，露台早已失去了原本的模样。

20世纪初，当西方探险家第一次发现塔普伦寺时，整座寺庙几乎已被茂密的树林完全覆盖，树根及枝干和寺庙纠缠交错成为一个整体，倒成就了一座独一无二的建筑。所以，人们决定放弃修缮，维持原貌。不久之后，考古学家来到这里，迫不及待地要发掘藏在这些石头、树叶、木头之下的文明。

后来，前往这里参观的游人络绎不绝，有人认为大自然净化了这儿的神性，点拨了人类的智慧，许多人来这里冥想、沉思。《夺宝奇兵》也曾来寺中取景，为观众展示寺里的奇观。塔普伦寺的广场上生长着许多盘根错节的四数木，它们是最热门的拍摄对象。游客驻足在如擎天柱般巨大的四数木前，走过在它躯干遮蔽之下的“舞者长廊”，对这里的壮美与深邃赞叹不已。四数木粗大的根茎依附在石头上蜿蜒起伏；还有一棵绞杀榕攀附在高塔上，它的树干支撑着随时可能坍塌的墙壁。

然而，游客越来越多，也让这座寺庙遭受了一定程度的破坏。对这座“林中之寺”的修复刻不容缓。现在寺庙已采取了许多保护措施：如设置木质走道、警戒线、标着箭头的引导路线、路标和一些“禁止入内”的警告牌等。跟着指引出发，快来欣赏大自然鬼斧神工和人类建筑完美的融合吧！

## 植物界中的建筑师们

### 两间橡树教堂

法国阿卢维尔-贝勒弗斯的老橡树守护着两间小教堂：一间在地上，一间在树上，可以从户外的旋转楼梯上去。在法国大革命时期，一位乡村教师在树干上挂了一块牌子，上面写着“真理之殿”，使这棵橡树免遭砍伐。不过1912年，这棵橡树遭受了雷击，只剩下一半的树干。自此，人们开始重视这棵珍贵的橡树，安装了许多钢架和螺丝来固定和修复它。

### 空中牧场

在摩洛哥，山羊以摩洛哥坚果树的叶子和坚果为食。这些山羊动作十分敏捷，为了大快朵颐，竟能爬到树梢上。摩洛哥坚果树成了这些山羊“美食家”的空中牧场。山羊吃完坚果后会吐掉果核，而当地居民会把果核专门收集起来，用来加工摩洛哥坚果油。

### 监狱树

在澳大利亚西部的温德姆和其他许多城市，政府会将粗壮且中空的猴面包树当作牢房，所以猴面包树也被称为“监狱树”。如今，温德姆的一棵监狱树上还挂着“希尔格罗夫监狱”的牌子。19世纪末，这间9平方米的小监狱里曾关押过30名犯人，他们是被带到这里受审的原住民。

### “罗马柱”

马达加斯加西部有一条著名的猴面包树大道，在道路两旁伫立着12棵巨型猴面包树，象征着如今已消失的森林。这些猴面包树会让人联想到罗马柱，呈现出古罗马时期的风情。

### 藏身之处

在法国布劳赛良德的森林里，有一棵橡树名为“吉约坦”，这本来是一位牧师的名字。据传，在法国大革命时期，他曾藏在这棵橡树中空的树干里躲避革命者。

## 沙漠里唯一的树

从沙子到水泥——艺术的毁灭与重建

尼日尔的泰内雷沙漠被人们称作“沙漠中的沙漠”，连苍蝇都无法在那儿生存。站在沙漠中放眼望去，视线之内只有沙丘和石头。然而，在这块极度干燥缺水的土地上，竟长出了一棵金合欢树，虽然它只有两三米高，但人们远远就能看见它的身影。因为方圆400千米以内都找不到其他的树，它大概是这个星球上最孤独的树了（实际上，距离这里150千米的提米亚有绿洲）。

这棵金合欢树在这一带名气很大，连地图上都会标上它的位置：北纬17° 45’，东经10° 04’。当地的图瓦雷克人把这棵金合欢树叫作“泰内雷之树”，用塔马谢克语说就是“Tafagag”或“Afaga”。对他们来说，这棵长得像一柄太阳伞的树已经成为沙漠商队旅程中的一座地标。在这片贫瘠的苍茫大地上，这棵象征着生命的树大概已有300岁的高龄，谁也不敢去冒犯它。

作为一种植物，它是如何在沙漠里生存下来的呢？原来它的根可以钻入地下35米深的地方汲取水分。

西方的旅人将他们对这棵树的印象记录了下来。

1934年，一位有幸见过这棵金合欢树的旅行者这样写道：“它的树干看起来像是生病了，尽管它的叶子优雅翠绿，还开出了黄色的花。”25年后，这位旅人故地重游，发现这棵树变得光秃秃的，原先的两根主树干只剩下了一根，消失的那根树干是被一个卡车司机不小心撞断的。要知道，他撞上的可是方圆十几千米内唯一一个障碍物，真是够粗心的！

没想到霉运又一次找上了这棵可怜的金合欢树。1973年，它被一辆卡车彻底撞翻了。之后，它的“遗体”被运到尼日尔国家博物馆，“种”在一块水泥台基上。

为了纪念它，第二年，尼日尔决定将这棵“泰内雷之树”印在邮票上。人们还以它为原型打造了一座金属雕塑，放在这棵树原来生长的地方。不过，这棵金属树也遭受了多次毁坏，就像它旁边那棵由日本艺术家筱原胜之1998年创作的“风之树”一样，不过这又是另外一个故事了。

JOHN & LISA
A+E=♡
监狱
1886

# 空心的猴面包树

## 倒立的树

相传，在很久很久以前，猴面包树常常凝视水中其他树的倒影。它很羡慕那些拥有粗壮树干和茂密枝叶的树，但它自己只有细弱的树枝、干枯的树干和稀疏的叶子。所以，猴面包树去神面前抱怨哀叹。但是，神非常钟爱自己一手创造的猴面包树，他十分不解："它怎么如此不识好歹？！"最终，神发怒了，他将猴面包树连根拔起，把它倒过来重新栽进泥土里。这样一来，不知满足的猴面包树就再也看不见地上的光景了，也就没有理由抱怨了。

在非洲，关于猴面包树的传说数不胜数。还有人传说猴面包树蕴含灵性，这种灵性能在空气中传递，告诉人们哪儿适合居住；而不孕的妇女只要紧贴猴面包树的树皮就能怀上孩子。

猴面包树的造型奇特，有时人们能从缝隙直接钻进树干中。在塞内加尔，直到20世纪60年代初期，有一些部落还将吟游诗人的尸体放在中空的猴面包树树干中，因为他们认为吟游诗人的灵魂不安分，会造成土地干旱，带来厄运。这些被用来安放逝者的树被称为"猴面包树坟墓"。

猴面包树全身都是宝，还被称作"药剂师树"，当地人对它的特性了如指掌。猴面包树果实的果肉、种子、树皮、叶子、根茎分别可以用于治疗腹泻、腹痛、擦伤、咳嗽、疟疾等。猴面包树的果实味甜多汁，厨师用它做成酱汁、果汁；种子可以榨油，用来制作肥皂。另外，猴面包树的纤维还可以加工成海绵和绳索。

猴面包树还是一棵谈判树，人们会聚在树下通过谈判来解决争端。谁也不敢砍伐猴面包树，所以有些树失去生命后自然风干，变成了标本，吸引游客前来观赏。针对几个著名的猴面包树标本，当地向导会组织"猴面包树之旅"，讲一两则和它有关的小趣闻，领着大家围着树干转三圈，然后才离开。

# 独木成林的印度榕树

自然界中争夺领土的创意策略

1859年，画家威廉·辛普森在印度加尔各答当战地记者时，就对当地令人印象深刻的印度榕树感到敬畏。他特意用画作向人们展示了这种榕树的魁梧雄奇。这种印度榕树的树干十分魁梧，从树干上又延伸出无数条枝干，这些枝干上生有气根，气根犹如树干般粗壮。印度最著名的巨型榕树位于豪拉植物园，早在1787年植物园建立之前，它就已经在那里了。在19世纪的旅游宣传指南上，我们已经能看到它的身影。1864年，一场台风席卷了整座城市，造成6万多人死亡，但它完好无损。3年之后，又一场台风袭来，这棵榕树幸存了下来，但树枝被折断了。

经过几年的休养生息，1925年，它又被一道闪电击中。受伤的榕树变得脆弱，这时蘑菇开始夺取它的养分，渐渐蔓延开，长满了整棵树。怎么做才能挽救榕树的生命呢？结论是：除了截断它的主干，别无他法。所以人们砍断了榕树的主干。这个重大的决定最终被证明是明智的，榕树又恢复了活力，长出新的枝干，又变得枝繁叶茂起来。

也许就是在那以后，当地人称其为“伟大的榕树”。虽然遭受了数次自然灾害，主干又被砍断，但它依然顽强地生存下来。而且，它的生长模式也没有改变，新长出的气根仍然以树干为半径一圈圈向外扩展。

今天，这棵大榕树远看就像是一片森林，足足有两个足球场那么大。虽然它的高度只有25米，但它的树冠是全世界最广阔的。它共有3700多个气根，从树枝上悬挂下来扎入土里，成为豪拉植物园一道独特的风景线。

## 被杀死的云杉

它的背后隐藏着整片被砍伐的森林……

海达族称这棵树为“金色云杉”。加拿大西北部的美洲印第安人认为这棵云杉是一个小男孩变成的。因为他没有听祖父的话，所以变成了一棵树。当地人给它取了个外号叫“哦哈树”，因为许多人第一次看到这棵色彩独特的庞然大物时，都会发出这样的惊叹。在一片广袤无垠的森林中，这棵树赫然独立，闪着金灿灿的光芒。尽管守林员每天都干着让人筋疲力尽的危险工作，但只要他们驻足在这棵金色云杉面前，就会被它打动。

1997年1月的一个晚上，水温只有0℃，一名叫格兰特·哈德文的男子背着重重的包，游过雅库恩河。他翻过陡峭危险的岩壁，直奔金色云杉。金色云杉有6层楼那么高，格兰特·哈德文开始实施自己的计划。他花了几个小时用锯子锯这棵周长达6米的云杉。到了第二天，整棵树轰然倒下，压倒了“金色云杉小径”上所有的植物。

到了第三天，格兰特·哈德文分别给报社、绿色和平组织和海达族协会寄了一封信。在信中，他解释了自己为什么这么做，他砍伐金色云杉是为了表达自己对所有破坏地球行为的愤怒。接着，他被警察逮捕后又被保释，随后收到了法院的传票。

另一边，海达族的人们举办了一场仪式来哀悼他们的祖先。当地人纷纷赶来，这也是这个地区迄今为止最大的一次集会。而哈德文还在为自己的行为辩解，他说：“云杉只是当地人的吉祥物，人们真正应该关注的问题是伐木公司对森林的过度开发。”

这名被告并没有如期出现在法庭上。据目击者称，为了躲避愤怒的人群，哈德文选择独自划船前往法庭。人们最后找到了船的一些碎片，但始终没有找到他本人。有人觉得也许正如哈德文所愿，他已经和森林“融”为一体。还有一些人觉得哈德文还活着，如果再遇到哈德文，一定不会放过他的。

## 受人尊敬的树

### 风中的祈祷

在法国北部以及比利时，人们会将衣服挂在“破布树”上，以此祈祷早日康复或是解决麻烦。人们认为这么做是将“霉运挂在树枝上”：感冒了挂一条手帕，摔断腿就挂一只袜子，学走路就挂一双鞋子……在非洲和亚洲的一些国家也有类似的风俗，人们在树上悬挂一些祈福的卡片或布条，甚至还有拖鞋。

### 永存的记忆

1787年，英国人为了安置被释放的奴隶，建立了自由城，也就是弗里敦。移居此地的黑奴都聚集在一棵木棉树下，他们庆祝重获自由，载歌载舞。后来，这棵树也目睹了葡萄牙殖民者的到来。一批批奴隶从这里被带走。岁月流转，到了1961年，它又见证了塞拉利昂的独立。接着，它扛过了电闪雷击，经受了内战战火的蹂躏。直到今天，它已成为和平和自由的象征。当地人还时常将祭品摆在这棵木棉树下，以纪念逝去的祖先，或是祈祷和平与繁荣。

### 樱花树下的美好

赏花是日本家喻户晓的民间习俗。当春天来临时，人们就会聚在樱花树下野餐、唱歌、聊天。日本的媒体还会向公众报告花期和花卉开放的程度，方便人们选择最适宜的时机赏花。一到赏花的黄金时间段，公园就全被赏花的游客占据了。

### 永恒的自由

在法国大革命时期，各地种下了许多自由树。2009年，法国都兰地区的圣洛克橡树却面临生命的终结，因为这棵自由树位于环形交叉路口，为了保证交通安全，它需要被砍掉。但当地居民对它都十分不舍。因此，市议会决定请让·凡达哈和弗多·巴尤这两位艺术家“复活这个老伙计”。他们按照这棵自由树的模样打造了一座雕塑，以象征人们心中永恒的自由。

# 还原了《指环王》的盆景

把小说里的场景变成现实

栽培微型树木的习俗和盆景艺术最早起源于中国，1000多年前传到了日本，19世纪末又流传到西方。创作一个盆景就是将一个有生命的植物变成艺术品。盆景所选的植物与自然中的植物没有区别。

创作盆景需要一定的技术（如修剪、攀扎和剖干等），盆景艺术追求自然之美，注重刚与柔、盈与亏、动与静的和谐。盆景的艺术风格多样，有直立式、斜立式、曲干式、风飘形、半悬崖、全悬崖、合植式、多干式，还有以文学典故为背景的文人树。

J.R.R.托尔金的魔幻小说《指环王》激发了克里斯·盖斯的灵感："北面有一座高高耸立的山丘，在山丘的南坡上，比尔博的父亲邦哥建造了一个豪华的地洞。这儿是比尔博·巴金斯、佛罗多·巴金斯和山姆–詹吉的家。《霍比特人》和《指环王》的故事就在这里开始，也在这里结束。"

克里斯买了一棵树，去除了一部分树皮。两年以后，裸露的木质部位愈合了，长出了一道美丽的疤痕。他用底座支撑着树，然后将它固定在用泥炭、黏土混合而成的地面上。他用小块木板做了一扇门，用塑料做了窗户，用碎瓦片做了外墙，最后用水泥将所有部件固定。他还用树枝做了一圈栅栏，造了一个长满苔藓的小山丘，铺了一条石板路，还加上最后的点睛之笔：一个小壁炉。

克里斯用了大约80个小时构建出了一个传奇的场景。这是一个微缩景观，却充满了生机，在夏天绿草如茵，在冬天白雪皑皑。这也是一个精致的电影布景，它因这棵树而伟大。

## 消失的桉树

仿佛是世界末日……

在原始森林潮湿的空气中，蕨类和苔藓肆意生长。高大的树木从绿色的地表钻出，直入云霄，在斯迪克斯巨人谷，桉树能长到100多米高，山谷坐落在澳大利亚的塔斯马尼亚，这里的森林还保留着原始的模样——那时，冈瓦那这块超级大陆还没解体，塔斯马尼亚岛还是冈瓦那大陆的一部分，而人类还不曾涉足这里。

一天，远处传来了机器的轰鸣声。首先是推土机开路的轰轰声，接着是电锯隆隆的马达声，一棵大树倒下了。其实，森林里任意一棵树都足够一个木匠忙活一辈子了。但是，伐木公司不关心木匠。他们贪婪无比，这偌大的森林也填不满他们的欲望。他们意图摧毁整座森林，一天之内就铲平了40个足球场那么大面积的林地！无数的树被砍倒、切割、磨碎，变成纸浆。

秋天，直升机飞到森林上空投下汽油弹引发了森林火灾。黑烟滚滚，弥漫在山谷中数周不散。火灾产生的有毒气体在滚烫的土地上弥漫，这儿不再是袋鼠、负鼠和袋熊幸福的家园了。曾经的森林如今满目疮痍，变成一个荒芜、干燥、死寂的地方，动物尸横遍野。春天到来的时候，大批的人工种植园出现了。桉树消失了。

这场对原始森林持续了数十年的“大屠杀”招致了环保主义者的反对，“森林之战”正式打响。为了对抗伐木公司，甚至有森林保护者爬上大树，在大树上生活。终于，在2013年，双方达成了协议：塔斯马尼亚的大部分原始森林被联合国科教文组织列入《世界遗产名录》，也就意味着这块土地从此受到保护。

# 拯救月神树

保护“长者”的年轻女孩

它，已经1000多岁了，或者有1500多岁；而她，才23岁。前者被人们称作月神树，而后者叫作朱丽娅·巴特弗莱·希尔。

在美国加利福尼亚州的斯坦福，太平洋木材公司准备砍伐一批树，其中就包括月神树。这是一棵高达60米的千年巨杉。环保组织“地球优先”为了抗议开始奔走。朱丽娅也加入了他们的行列，并提议要以在树上住30天的方法来阻止伐木公司。有一位环保人士陪朱丽娅一起住，不过3周后他就从树上下来了。

而朱丽娅仍然留在树上。从最初的几个星期到几个月，她就这样一直住在树上离地50米高的简易帐篷里。朱丽娅爱这些树，也十分了解它们。几年前，她遭遇了一场严重的车祸，那之后，她便经常在森林里散步，她觉得是那些树在帮助她康复。而现在为了保护它们，她不得不与他人抗争。

在树上的日子，朱丽娅需要面对许多考验。首先，她要忍受的是严冬，她被冻得手脚长满冻疮。同时，她还要忍受直升机的轰鸣声、持续不断的电锯声，伐木公司还禁止她所在组织的其他成员到树下探望她，并用炫目的灯光直射她、用高音喇叭骚扰她。当然，最难克服的，还有那漫漫长夜的孤独，白天没有一个人跟她说话，晚上她常常冷得发抖。

但是朱丽娅还是选择和月神树站在一起。对她来说，树是她的朋友，是她的坐标和永远的伙伴，所以她绝不会放弃。最终，她的决心，包括组织对外协商做出的努力，为他们赢得了这次抗争的胜利：伐木公司放弃了原定计划。朱丽娅终于从生活了738天的树上下来了，她的双脚已经有两年多没有踏在土地上了。

朱丽娅这样说：“‘月神’是我最好的老师，也是我最好的朋友。从树上下来时的我，已不再是两年前爬上树时的那个我了。我曾经不确定是否能重新回到正常生活的轨道。不过现在我知道了，即使我离开了树，但只要我闭上眼睛，我仿佛还置身于大树的怀抱。”

# 那些长寿的树

## 布满皱纹的树

在美国加利福尼亚州怀特山脉海拔3000米处，有一棵玛士撒拉树。为了防止别有用心的人伤害它，它的详细位置一直是保密的。这棵刺果松已超过4850岁了，树干蜿蜒曲折，像一道道皱纹；树枝光秃秃的，没有树叶。但是它还活着，在我们不知道的地方安静、缓慢地生长着。

## 植物的祖先

在瑞典的福路耶勒特国家公园，科学家估算其中一棵挪威云杉的地下根系至少有9550年的历史。一位地质学家最早发现了这棵古老的挪威云杉，他用已逝爱犬的名字给它命名。

## 树中的长者

这棵被人们称为侯恩松的泪柏位于澳大利亚的塔斯马尼亚，它生长得特别缓慢，经历了2000多年的风雨。如果算上地下根系，那么这棵树已经超过10500岁了。

## 不起眼的活化石

在美国加利福尼亚州的朱鲁帕山脉，有一片无性繁殖的灌木丛，它长28米，宽5米，高度却不到1米。看起来平淡无奇，但是这种被称为朱鲁帕柏的植物源自冰河时代末期，距今已有1.3万年的历史。后来随着城市的扩张，城市的边界离它越来越近，不知道它是否能幸存下来……

## 不朽的传奇

潘多已经超过了8万岁。它生长于美国犹他州，是一片无性繁殖的杨树林，由4万多棵树组成，所有的树干通过地底下错综复杂的根系网络连接在一起。它的繁殖方式属于植物界中的无性繁殖，即通过克隆不断复制自己，这也让它成为永远不死的传奇。